BEI GRIN MACHT SICH IHR WISSEN BEZAHLT

- Wir veröffentlichen Ihre Hausarbeit,
  Bachelor- und Masterarbeit

- Ihr eigenes eBook und Buch -
  weltweit in allen wichtigen Shops

- Verdienen Sie an jedem Verkauf

Jetzt bei www.GRIN.com hochladen
und kostenlos publizieren

Bibliografische Information der Deutschen Nationalbibliothek:

Die Deutsche Bibliothek verzeichnet diese Publikation in der Deutschen National-
bibliografie; detaillierte bibliografische Daten sind im Internet über http://dnb.d-
nb.de/ abrufbar.

Impressum:

Copyright © 2016 GRIN Verlag, Open Publishing GmbH
Druck und Bindung: Books on Demand GmbH, Norderstedt Germany
ISBN: 9783668373082

Dieses Buch bei GRIN:

http://www.grin.com/de/e-book/350682/nachbaraufgaben-am-hunderterpunktefeld-
mathematik-2-klasse

Anna Rezmer

Nachbaraufgaben am Hunderterpunktefeld (Mathematik, 2. Klasse)

Einführung in die Multiplikation

GRIN Verlag

Unterrichtsentwurf

anlässlich eines gemeinsamen Unterrichtsbesuches

gemäß § 7 APVO-Lehr im Fach Mathematik

Datum:	19.02.2016 (Freitag)
Unterrichtszeit:	3. Stunde (09:55 – 10:40 Uhr)
Lerngruppe:	2c (10 Mädchen, 8 Jungen)
Raum:	2c

Thema der Unterrichtseinheit: Einführung in die Multiplikation

Thema der Unterrichtsstunde: Nachbaraufgaben am Hunderterpunktefeld

Stellung der Stunde in der Unterrichtseinheit:

1.	Einführung der Multiplikation – multiplikative Handlungen zum zeitlich-sukzessiven Modell (Zusammenhang zwischen fortgesetzter Addition und Multiplikation)	1 St.
2.	Multiplikationsaufgaben in der Umwelt	1 St.
3.	Multiplikatives Interpretieren von Anordnungen bzw. Punktbildern als räumlich-simultanes Modell (Übungen zur Kommutativität)	2 St.
4.	Erkennen und Legen von Multiplikationsaufgaben am Hunderterpunktefeld	1 St.
5.	Herausarbeiten von Zahlbeziehungen zwischen verschiedenen Multiplikationsaufgaben am Hunderterpunktefeld	1 St.
6.	**Erarbeitung der Zahlbeziehungen zwischen Multiplikationsaufgabe und ihren Nachbaraufgaben auf mehreren Darstellungsebenen**	**1 St.**
7.	Herausarbeiten der Kernaufgaben („Königsaufgaben") – Multiplikation mit der 1 und 10	1 St.

Inhaltsverzeichnis

1. Zielsetzung

1.1 Zentrale Kompetenzen laut Kerncurriculum[1]

Inhaltsbezogener Kompetenzbereich

Zahlen und Operationen:
Zahldarstellungen, Zahlbeziehungen, Zahlvorstellungen:
Die Schülerinnen und Schüler (im Folgenden durch „SuS" abgekürzt)

- ... vergleichen, strukturieren, zerlegen Zahlen und setzen sie zueinander in Beziehung. [2]

Prozessbezogener Kompetenzbereich

Kommunizieren/Argumentieren:
Die SuS

- ... entdecken und beschreiben mathematische Zusammenhänge.[3]

1.2 Zielformulierung

1.2.1 Unterrichtsziel

Die SuS erarbeiten die Zahlbeziehungen zwischen einer Multiplikationsaufgabe und ihren Nachbaraufgaben, indem sie diese auf mehreren Darstellungsebenen miteinander vergleichen.

1.2.2 Teillernziele

Die SuS...

TLZ 1: ... legen ein Abdeckblatt zur vorgegebenen Multiplikationsaufgabe am Hunderterpunktefeld richtig, indem sie sich an dem Punktefeld orientieren.

TLZ 2: ... ermitteln das Rechenergebnis zur Multiplikationsaufgabe, indem sie die Punkte des Hunderterpunktefeldes einzeln zusammenaddieren, die Aufgabe rhythmisch abzählen, fortlaufend im Kopf addieren oder automatisiert wiedergeben.

TLZ 3: ... legen ein Abdeckblatt zur neuen Multiplikationsaufgabe um, indem sie versuchen das Punktefeld zur Malaufgabe kognitiv passend zu verändern.

TLZ 4: ... erläutern das von ihnen gelegte Hunderterpunktefeld zur vorgelegten Multiplikationsaufgabe, indem sie die strukturierte Darstellung mit der Malaufgabe gleich setzen.

---

[1] vgl. Niedersächsisches Kerncurriculum 2006
[2] a.a.O., S. 19.
[3] a.a.O., S. 15.

TLZ 5: ... erkennen zwei Multiplikationsaufgaben als Nachbaraufgaben, indem sie auf ihr Vorwissen zu den Nachbaraufgaben zur Addition und Subtraktion aus dem ersten Schuljahr zurückgreifen.

TLZ 6: ... bearbeiten die Arbeitsblätter der Stationen in einer festgesetzten Reihenfolge in der Gruppenarbeit.

TLZ 7: ... vergleichen ihre Ergebnisse mit dem Lösungsblatt.

TLZ 10: ... präsentieren ihre Ergebnisse zu den Forscheraufgaben.

TLZ 11: ... erkennen die Zahlbeziehungen zwischen den Multiplikationsaufgaben und ihren Nachbaraufgaben, indem sie diese auf mehreren Darstellungsebenen zu den Forscheraufgaben miteinander vergleichen.

Einige SuS...

TLZ 8: ... bearbeiten Station 2, indem sie das Rechenergebnis der Aufgaben lösen, richtig legen und die Zahlbeziehungen zwischen beiden Aufgaben erneut untersuchen.

TLZ 9: ... bearbeiten die Zusatzstationen, indem sie Nachbar- und Multiplikationsaufgabe ermitteln und am Hunderterpunktefeld richtig legen.[4]

---

[4] An der letzten Zusatzstation sollen die Nachbaraufgaben ohne Hunderterpunktefeld gelöst werden.

2.   Verlaufsplanung

Zeit	Phase	TLZ	Unterrichtsschritte/Aufgabenstellung/ Arbeits- und Aktionsformen	Sozial- und Organisationsform	Medien/ Material
9:55 – 9:56 Uhr	Begrü-ßung		- Gegenseitige Begrüßung und Vorstellung des Besuches - Vorhaben der Stunde wird knapp erläutert → LiVD[5] bittet eine(n) S.[6] das Stundenziel: *Wir legen, lösen und vergleichen bestimmte Malaufgaben miteinander.* vorzulesen	Frontal, s. Anhang Sitzordnung S. 12	Tafel, Verlaufskarten (s. Anhang, S. 13)
9:57 – 10:07 Uhr	Ein-stieg	TLZ 1,2,3, 4,5	- LiVD hängt eine Karte mit einer Malaufgabe (ohne Rechenergebnis) auf: 4·5 → LiVD bittet eine(n) S. die Malaufgabe mit dem gelben Abdeckblatt am Hunderterpunktefeld zu legen → ein(e) S. legt das Abdeckblatt richtig - LiVD hängt das gelegte Ergebnis als Kartenbild auf - LiVD fragt die SuS, welches Ergebnis neben der Malaufgabe stehen muss → ein(e) S. nennt das Rechenergebnis der vorgegebenen Malaufgabe und hängt die Zahl als Karte an die Tafel: 20 - LiVD stellt eine Problemstellung auf: *„Wie könnte eine der Abdeckblätter verändert werden, sodass die Aufgabe 5·5 entsteht"?* LiVD hängt die Karte mit der Malaufgabe (ohne Rechenergebnis) an die Tafel → ein S. meldet sich, verändert ein Abdeckblatt und erläutert sein Ergebnis - LiVD hängt das gelegte Ergebnis als Kartenbild auf - LiVD fragt die SuS, welches Ergebnis neben der Malaufgabe stehen muss → ein S. nennt das Rechenergebnis der vorgegebenen Malaufgabe und hängt die Zahl als Karte an die Tafel: 25 - LiVD hängt die zuletzt veränderte Abdeckblatt zurück zur Aufgabe 4·5 und stellt eine weitere Aufgabenstellung: *„Wie könnte eine der Abdeckblätter verändert werden, sodass die Aufgabe 3·5 entsteht?"* LiVD hängt die Karte mit der Malaufgabe (ohne Rechenergebnis) an die Tafel → ein S. meldet sich, verändert ein Abdeckblatt und erläutert sein Ergebnis - LiVD hängt das gelegte Ergebnis als Kartenbild auf - LiVD fragt die SuS, welches Ergebnis neben der Malaufgabe stehen muss → ein(e) S. nennt das Rechenergebnis der vorgegebenen Malaufgabe und hängt die Zahl als Karte an die Tafel: 15 - LiVD fragt die SuS, wie man diese zwei zuletzt gelegten Aufgaben nennen könnte, LiVD hilft ggf. → SuS benennen sie als Nachbaraufgaben → LiVD hängt den Begriff als Karte auf	Frontal	Hunderterpunktefeld (s. Anhang, S. 13), zwei Abdeckblätter, Karten mit Malaufgaben, Rechenergebnis, Bildern und dem Begriff „Nachbaraufgabe"(s. Anhang, S.13),
10:08 – 10:28 Uhr	Arbeits-beits-phase	TLZ 1,2, (3),6, 7,8,9	- LiVD erläutert den Arbeitsauftrag in der Stationsarbeit → SuS laufen die Stationen nach einer festgelegten Reihenfolge ab: Station 1, Station 2, Zusatzstation 1, Zusatzstation 2, Zusatzstation 3 → Station 1 stellt die Pflichtaufgabe dar → LiVD erläutert den SuS den bereits bekannten Arbeitsablauf anhand des Blattes zu den Arbeitsschritten → als zweite Aufgabe in der Station 1 und 2 bearbeiten die SuS gemeinsam die Forscheraufgaben (Tippkarten helfen bei der Aufgabenbearbeitung bzw. –verständnis)	Stationsarbeit, rote Gruppenarbeit (s. Anhang, S. 22), Sitzordnung bei der Grup-	Arbeitsblätter (s. Anhang, S. 15-18)+ Lösungen (s. Anhang, S. 18-20), Beobachtungsbo-

[5] LiVD = Lehreranwärtin im Vorbereitungsdienst
[6] S. =Schülerin bzw. Schüler

			⇨ die Forscheraufgaben haben kein Lösungsblatt, da diese in der Sicherung gemeinsam besprochen werden → die Stationen werden in der roten Gruppenarbeit (3er-Gruppen) erledigt → SuS arbeiten unter einer ihnen bekannten Rollenverteilung, welche sich nach den Arbeitsschritten orientiert – jeder Arbeitsschritt wird von einer/m S. ausgeführt (Rollenwechsel nach einer Aufgabenbearbeitung)) - LiVD bittet jeden dritt genannten S. sich zu ihrer Gruppe umzusetzen und nach Aufforderung der LiVD nacheinander einen Ordner mit dem benötigten Material und das erste Arbeitsblatt zu holen - LiVD startet die Arbeitsphase und stellt die Uhr	penarbeit (s. Anhang, S. 12)	gen (s. Anhang, S. 23), Uhr, Klebestift, Stift, Dosen, Ordner, Pappe, Tippkarten (s. Anhang, S. 21), Arbeitsschritte Blatt (s. Anhang, S. 22)
10:29 – 10:39 Uhr	Ergebnissicherung	TLZ 10,11	- LiVD beendet die Arbeitsphase mit einem Signalton - SuS legen ihr gesamtes Material in den Ordner auf ihrem Tisch und bittet das Arbeitsblatt zur ersten Station auf dem Tisch liegen zu lassen - LiVD hängt ein Schild zur ersten Station und ersten Forscheraufgabe an die Tafel und bittet nach dem Aufhängen einer Lesekarte die Frage vorzulesen („Welches Abdeckblatt verändert sich von einer Malaufgabe zur Nachbaraufgabe?") → ein(e) S. liest die Aufgabe vor - LiVD hängt eine Karte mit einer Glühbirne auf und fragt nach der Antwort zur Frage → SuS beantworten die Frage mit dem gelben Abdeckblatt - LiVD hängt ein Schild zur zweiten Forscheraufgabe und der Lesekarte an die Tafel → ein(e) S. liest die Frage vor („Wie verändert sich die blaue Zahl von einer Malaufgabe zur Nachbaraufgabe?") - LiVD hängt die Karte mit der Glühbirne auf → SuS beantworten die Frage mit plus oder minus 1 - LiVD hängt ein Schild zur dritten Forscheraufgabe und der Lesekarte an die Tafel → ein(e) S. liest die Frage vor („Verändert sich die grüne Zahl von einer Malaufgabe zur Nachbaraufgabe?") → LiVD hängt die Karte mit der Glühbirne auf → SuS beantworten die Frage mit „Nein" - LiVD hängt ein Schild zur vierten Forscheraufgabe und der Lesekarte an die Tafel → ein(e) S. liest die Frage vor („Wie verändert sich das Rechenergebnis von einer Malaufgabe zur Nachbaraufgabe?") → LiVD hängt die Karte mit der Glühbirne auf → SuS beantworten die Frage mit plus oder minus 4	Frontal, s. Sitzordnung Gruppenarbeit	Schilder zu den Forschungsaufgaben (s. Anhang, S.14), Arbeitsblatt zu Station 1
10:40 Uhr	Schluss		LiVD gibt einen Ausblick auf den Inhalt der kommenden Stunde - Aufräumen und Verabschiedung der Klasse	Frontal, s. Sitzordnung	

Zeitplus:
- LiVD fragt nach den Forscherergebnissen aus der 2. Station
- weitere Verdeutlichung der erarbeiteten Zahlbeziehungen an der gelegten Tafelaufgabe aus der Einstiegsphase

3.   Bemerkung zur Lerngruppe

Seit Anfang des zweiten Schuljahres 2015/2016 unterrichte ich wöchentlich sechs Stunden im betreuten Unterricht das Fach Mathematik in der Klasse 2c. Die Lerngruppe setzt sich aus insgesamt 18 SuS zusammen, in der 8 Jungen und 10 Mädchen gemeinsam lernen. Das Verhältnis zwischen den SuS und mir ist durch eine freundliche und vertraute Beziehung gekennzeichnet. Die Klasse kann insgesamt als lebhaft beschrieben werden, sodass ich des Öfteren einige SuS wie X,Y und Z an die Klassenregeln erinnern muss.

In der Klasse gibt es mehrere SuS, die leistungsstark sind (s. Anhang, S. 12). Diese besitzen eine schnelle Auffassungsgabe und können Bekanntes auf neue Inhalte übertragen. Insbesondere X, Y und Z bringen den Lernfortschritt der Klasse durch ihre mündlichen Beiträge voran. Auf dem durchschnittlichen Leistungsstand stehen die SuS: X, Y, Z. Diese Kinder haben noch Schwierigkeiten ihre Gedanken mündlich auszudrücken. Die leistungsschwachen Kinder sind Z, Y und Z. Am Ende des ersten Schulhalbjahres der zweiten Klasse war zu beobachten, dass sie Rechenschwierigkeiten beim Addieren und Subtrahieren im Hunderterraum haben und sich weitestgehend noch nicht im Hunderterraum orientieren können. Ihnen fällt es besonders schwer sich in komplexe mathematische Zusammenhänge hineinzudenken und diese zu äußern. Sie sind zudem unsicher hinsichtlich mathematischer Aufgabenstellungen. Insbesondere X kann sich des Öfteren nicht eigenständig in komplexe Sachverhalte hineindenken. In solchen Situationen unterstütze ich sie durch positiven Zuspruch und dem Angebot meiner Hilfe beim Lösen von Aufgaben. X und Y zeichnen sich dadurch aus, dass sie sich mit anderen Dingen beschäftigen und mit Arbeiten oft nicht eigenständig beginnen. Ich begegne diesem Verhalten mit Erinnerungen an den Arbeitsauftrag.

Das Zusammenarbeiten in verschiedenen Arbeits- und Sozialformen stellt für einige Kinder aus unterschiedlichen Gründen gegebenenfalls eine Schwierigkeit dar. Die Ursachen liegen zumeist in dem Mangel an Kooperations- und Konfliktfähigkeit. X zeigt des Öfteren Schwierigkeiten in der Kooperation mit anderen SuS, da er es vorzieht entweder in Einzelarbeit oder mit einem bestimmten Partner die Aufgaben zu erledigen. Bei der Aufgabenbearbeitung und Gruppenbildung kann es zudem häufiger zu kleinen Streitereien kommen, sodass die Hilfe der Lehrkraft notwendig ist. Eine wechselnde Rollenverteilung der Aufgaben in den Gruppen ist hilfreich, um die Aktivität in der Gruppenarbeit bei jedem SuS zu erhöhen und Streitigkeiten bei der Aufgabenerledigung entgegenzukommen.

4. Lernausgangslage in Bezug auf den Lerngegenstand

Eine Grundvorstellung der Multiplikation bildet das Fundament für das Verständnis beziehungshaltiger Zusammenhänge zwischen verschiedenen Multiplikationsaufgaben. Diese Grundlage wurde in einigen Unterrichtsstunden vor der geplanten Unterrichtsstunde aufgebaut. Diese umfassten die Einführung zum Multiplikationsbegriff, das Ausführen multiplikativer Handlungen nach dem zeitlich-sukzessiven Modell (Wiederholung gleicher Vorgänge), das Protokollieren der Handlungen bzw. der untersuchten Anordnungen durch den Zusammenhang zwischen fortgesetzter Addition und Multiplikation und dem Untersuchen sowie multiplikativen Interpretieren von Anordnungen und Punktbildern (räumlich-simultanes Modell).[7] Die SuS haben durch das Punktebild bereits erste Zahlenbeziehungen zwischen den Multiplikationsaufgaben entdeckt und einen Einblick zur Kommutativität (Tauschaufgabe) erhalten. Das Drehen von Punktbildern und des Hunderterpunktefeldes hat den SuS einen Perspektivwechsel und eine beziehungshaltige Betrachtungsweise von Zahlen und Aufgaben ermöglicht. Durch das Legen zweier Abdeckblätter auf das Hunderterpunktefeld und der Verschriftlichung der dazu passenden Multiplikationsaufgaben haben die SuS auf mehreren Ebenen (EIS-Prinzip) verschiedene Aufgaben in ihrer Struktur erschlossen und anschaulich dargestellt.

Im Bezug auf den Lerngegenstand zur geplanten Unterrichtsstunde sind die SuS mit dem Begriff der Nachbaraufgaben und ihrer Struktur im Bereich der Addition bzw. Subtraktion aus dem ersten Schuljahr vertraut. Eine vorangegangene Unterrichtsstunde sollte zudem erzielen, dass ähnlich bzw. gleich gestellte Forscheraufgaben zu Zahlbeziehungen zwischen Multiplikationsaufgaben verstanden und gelöst werden können. Für die Aufgabenbearbeitung mussten die SuS eine Forschungsfrage lesen und die mathematischen Zusammenhänge zwischen den Multiplikationsaufgaben bzw. ihre Handlungen am Hunderterpunktefeld verstehen sowie reflektieren können. Durch den Einsatz einer Kleingruppenarbeit soll auch in der geplanten Unterrichtsstunde ermöglicht werden, dass diese Kompetenzbereiche in jeder Gruppe abgedeckt werden, sowie leistungsschwächere SuS Unterstützung durch leistungsstärkere SuS erhalten. Da es einen Unterschied hinsichtlich des Arbeitstempos der SuS in der Klasse gibt, wurde im Hinblick auf die Planung der vorliegenden Unterrichtsstunde darauf geachtet langsam arbeitenden Gruppen die Bearbeitung der Pflichtaufgabe im Zeitrahmen der Arbeitsphase zu ermöglichen und für schnell arbeitende Gruppen Zusatzaufgaben bereitzustellen.

---

[7] vgl. Schipper, W. (2009): Handbuch für den Mathematikunterricht an Grundschulen. Hannover: Schroedel, S. 83.

5. Zur Sachstruktur des Lerngegenstandes

Das behandelte Themengebiet der Multiplikation fällt im Niedersächsischen Kerncurriculum unter den inhaltlichen Kompetenzbereich Zahlen und Operationen.[8] Mathematisch ist dieser Kompetenzbereich in dem Teilgebiet der Arithmetik wiederzufinden und beschreibt das Vervielfachen von (natürlichen) Zahlen.[9] Arithmetik umfasst dabei das Rechnen mit Zahlen und ihre Rechengesetze.[10] Die Multiplikation lässt sich für natürliche Zahlen mit Rückgriff auf das Mengenmodell (Kardinalzahlaspekt)[11] auch durch die Vereinigung paarweise elementfremder und gleichmächtiger Mengen bzw. die wiederholte Addition definieren (s. Abb. 1[12]).[13] Im Produkt a · b gibt der Multiplikand b die Kardinalzahl der einzelnen gleichmächtigen Mengen an, der Multiplikator a die Anzahl dieser Mengen.[14] Der Mul-

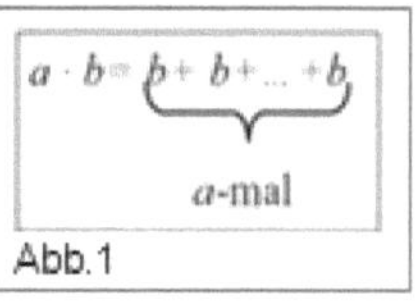

Abb. 1

tiplikand beschreibt die Anzahl der einzelnen Elemente einer Teilmenge und der Multiplikator hingegen die Eigenschaft einer Menge von Mengen (s. Abb. 2[15]).[16] Abbildung 2 veranschaulicht und verdeutlicht dabei den Perspektivwechsel und die unterschiedliche Betrachtungsweise eines Punktebildes zu ihrer Multiplikationsaufgabe unter Beachtung des Kommutativgesetztes (Tauschaufgabe: 4 · 3 = 3 · 4). Die Anwendung von Rechengesetzen, wie das Kommutativgesetz oder das Distributivgesetz (z.B. 6 · 4 = 5 · 4 + 4), bieten zudem Vorteile zur Erarbeitung der Multiplikation.[17] Die exemplarisch dargestellte Beispielaufgabe zum Distri-

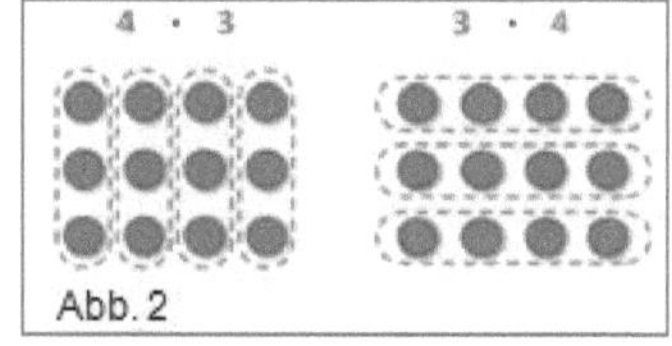

Abb. 2

butivgesetz steht dabei in Verbindung zur Nachbaraufgabe, wobei ein Summand bzw. Subtrahend 1 ist (z.B. (5 + 1) · 4 = 5 · 4 + 4).

---

[8] Niedersächsisches Kerncurriculum 2006, S. 21.

[9] vgl. Kuhnke, K. (2012): Unterrichtsanregungen zur Förderung des Darstellungswechsels, http://www.pikas.uni-dortmund.de,12.02.2016, S.5.

[10] vgl. Wirsching, G. (2003): Zahlentheorie. In G.W. (Hrsg.), Faszination Mathematik, Heidelberg: Spektrum Akademischer Verlag. S. 160 ff.

[11] vgl. Kuhnke, K. (2012): Vorgehensweisen von Grundschulkindern beim Darstellungswechsel. Eine Untersuchung am Beispiel der Multiplikation im 2. Schuljahr, Wiesbaden: Springer Spektrum, S.36.

[12] Abb. entnommen aus: Graumann, G.(2002): Mathematik in der Grundschule. Studientexte zur Grundschulpädagogik und –didaktik, Bad Heilbrunn: Klinkhardt, S. 45.

[13] a.a.O., S. 45.

[14] Vgl. Rechenfakten automatisieren,
https://www.google.de/url?sa=t&rct=j&q=&esrc=s&source=web&cd=1&cad=rja&uact=8&ved=0ahUKEwjHq97H2dn KAhVjKXIKHX3DCggQFggeMAA&url=http%3A%2F%2Fwww.uni-landau.de%2Frasch%2FArithmetik%2520Be%2F V7.2_Rechenfakten%2520 automatisieren.pdf &usg=AFQjCNHVvV5IHBeCnHrQQI9VmLcs_PQO4w&bvm=bv.113 034660,d.bGQ, 09.02.16, S. 108.

[15] Abb. entnommen aus: Multiplikation - DVV-Rahmencurriculum Rechnen Stufe 2,
https://www.google.de/url?sa=t&rct=j&q=&esrc=s&source=web&cd=2&ved=0ahUKEwj758G91vXKAhWkA5oKHRP mBqwQFgghMA-
E&url=http%3A%2F%2Fgrundbildung.de%2Ffileadmin%2Fcontent%2F03Materialien%2FRechnen%2FRahmencurriculum%2FRechnen_Stufe2_Multiplikation.pdf&usg=AFQjCNHT6Z3yyOmuyHgNFK2jVboxuSKn2g&bvm=bv.1141950 76,d.bGg&cad=rja, 14.02.2016, S. 100.

[16] vgl. Gerster, H.-D.; Schultz, R. (2004): Schwierigkeiten beim Erwerb mathematischer Konzepte im Anfangsunterricht. Bericht zum Forschungsprojekt Rechenschwäche – Erkennen, Beheben, Vorbeugen, Auflage Mai 2004, S. 387.

[17] vgl. Keil, M. (2010): Mit Rechenstrategien zum Einmaleins. Arbeitsblätter zum operativen Üben, 1. Auflage, Buxtehude: Persen Verlag. S.7.

Die Nachbaraufgaben verstehen sich als Standardtyp operativer Übungen. Bereits im ersten Schuljahr sollen die SuS Zahlbeziehungen, wie Nachbaraufgaben, für vorteilhaftes Rechnen nutzen können.[18] Wenn Kinder über diese Kompetenz verfügen, können sie sich die Ergebnisse schwierigerer Rechenaufgaben aus den Ergebnissen einfacher und früh automatisierter Aufgaben erschließen.[19] Dabei können die Nachbaraufgaben bezüglich des ersten oder zweiten Faktors verändert werden, sodass jede Multiplikationsaufgabe vier Nachbaraufgaben besitzt.[20] Es liegt demnach eine Addition oder Subtraktion um den ersten Faktor bei Veränderung des Multiplikands (z.B. $6 \cdot 4 = 6 \cdot 5 + 6$) bzw. zweiten Faktors bei Veränderung des Multiplikators (z.B. $6 \cdot 4 = 5 \cdot 4 + 4$) vor.

Zur Entwicklung von (Mengen-) Vorstellungen von Zahlen sind Bilder zu Zahlen, die einerseits eine simultane bzw. quasisimultane Zahlauffassung ermöglichen und andererseits das Erkennen von Beziehungen zwischen Zahlen erlauben, wichtig.[21] Multiplikative Handlungen können mit zahlreichen Hilfsmitteln durchgeführt und entsprechend dargestellt werden.[22] Punktefelder sind besonders gut geeignet Multiplikationsaufgaben zu erkennen, darzustellen, zu lösen und operativ zu untersuchen.

In der vorliegenden Unterrichtsstunde soll das Hunderterpunktefeld für die Darstellung nachbarschaftlicher Beziehungen betrachtet werden (s. Abb. 3[23]). Durch einen vergrößerten Abstand nach jedem fünften Plättchen kann insbesondere die Fünferstruktur erkannt werden und bietet somit die Möglichkeit Zahlen visuell besser zu erfassen. Zudem lassen sich alle Aufgaben des kleinen Einmaleins auf der Mengenebene veranschaulichen. Operative Übungen, wie in diesem Fall die Nachbaraufgaben, lassen sich besonders gut am Hunderterpunktefeld mit Hilfe zweier Abdeckblätter durchführen (s. Tab. 1[24]). In diesem Fall ist es notwendig von einer gelegten Multiplikationsaufgabe zu ihrer Nachbaraufgabe nur ein Abdeckblatt umzulegen. Dadurch lassen sich nachbarschaftlichen Beziehungen leicht vergegenwärtigen, sodass der Begriff der Nachbaraufgaben eine nachvollziehbare Bedeutung erfährt.[25]

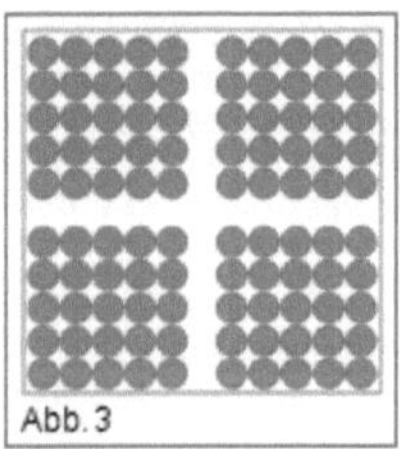

Abb. 3

---

[18] Niedersächsisches Kerncurriculum 2006, S. 20-21.

[19] vgl. Graumann, G.(2002): Mathematik in der Grundschule, S.59.

[20] Für eine didaktische Reduktion in dieser Unterrichtsstunde wurde auf die beiden anderen Nachbaraufgaben (Veränderung des 2. Faktors) verzichtet.

[21] vgl. Grassmann, M.; Eicher, K.-P.; Mirwald, E. & Nitsch, B. (2014): Mathematikunterricht 5. Kompetent im Unterricht. Kaiser, A., Miller, S. (Hg.), 3. korrigierte und veränderte Auflage, Hohengehren: Schneider Verlag. S. 57.

[22] vgl. Schipper, W. (2009): Handbuch für den Mathematikunterricht an Grundschulen. S. 84.

[23] Abb. entnommen aus Smart Exchange – 100er- Feld mit Wendeplättchen und versteckten Zahlen, http://exchange.smarttech.com/details.html?id=358a492e-b274-459d-8111-8e367434a1ae, 15.02.2016.

[24] Tab. selbst erstellt

[25] a.a.O., S. 85.

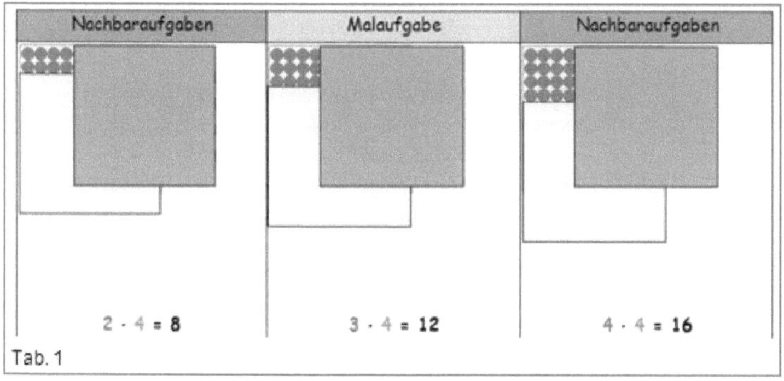

Tab. 1

6.　Analyse der zentralen Aufgabenstellung

Zentrale Aufgabenstellung	Anspruchsniveau und/oder Anforderungsbereich
Die SuS erarbeiten die Zahlbeziehungen zwischen einer Multiplikationsaufgabe und ihren Nachbaraufgaben, indem sie diese auf mehreren Darstellungsebenen miteinander vergleichen.	Die Aufgabenstellung ist dem Anforderungsbereich 2 zuzuordnen, da die SuS einen Zusammenhang zwischen Multiplikationsaufgabe und ihren Nachbaraufgaben herstellen müssen und ihre Zahlbeziehungen selbstständig erarbeiten müssen.

Lernschritte	Mögliche Ursachen für inhaltliche Probleme	Konkrete inhaltliche/ methodische Hilfestellungen
Verstehen und Lösen der Forscheraufgaben	- Verstehen die Fragestellung nicht oder wissen nicht, wie sie diese lösen sollen	- Vorentlastung: eine zusätzliche Tippkarte hilft bei der Aufgabenbearbeitung als visuelle Verständnis- bzw. Rechenhilfe (z.B. Pfeile) - Vorentlastung durch die Sozialform: SuS kommunizieren und tauschen sich über die Zahlbeziehungen in der Gruppe aus - Vorentlastung: ähnliche und gleiche Fragestellungen wurden in einer vorangegangenen Unterrichtsstunde zu anderen Zahlbeziehungen zwischen Multiplikationsaufgaben besprochen und selbstständig erarbeitet - Vorentlastung: Eingrenzung der Lösungsmöglichkeiten durch vorgelegte Lösungen in der One-Choice Methode
Beantwortung der ersten Forscheraufgabe	- SuS haben die Nachbaraufgaben falsch gelegt - SuS haben die Tauschaufgabe gelegt (Perspektivwechsel der Malaufgabe) → SuS können dadurch die Fragestellung nicht beantworten	- Vorentlastung: ein Abdeckblatt gilt als Stützpunkt und bietet eine Unterstützung, wie die Malaufgabe und ihre Nachbaraufgaben auf dem Hunderterpunktefeld gelegt werden müssen - (Vorentlastung in der Einstiegsphase: einigen SuS kann durch das Legen der Nachbaraufgaben im Einstieg bereits bewusst sein, dass nur ein Abdeckblatt umgelegt werden muss) - Vorentlastung: das Legen verschiedener Malaufgaben als bestimmtes Punktmuster aus einem vorgegebenem Blickwinkel im Hunderterpunktefeld wurde in einer vorangegangenen Unterrichtsstunde geübt - Vorentlastung: Kontrollmöglichkeit am Lösungsblatt
Beantwortung der zweiten und dritten Forscheraufga-	- SuS wissen nicht, welche blaue Zahl (Multiplikator), grüne Zahl (Multiplikand) bzw. Malaufgabe oder Nachbaraufgabe	- Vorentlastung: es werden nur Malaufgaben mit der Zahl 4 im ersten Arbeitsblatt als Multiplikand vorgegeben, sodass die Betrachtung aller Malaufgaben zum selben Ergebnis führen - Vorentlastung: die Tabelle bietet eine visuelle Unterstützung die dazugehörigen Nachbaraufgaben zur Multiplikationsaufgabe zu erkennen → auf diese

be	gemeint ist	Weise werden die passenden Aufgaben miteinander verglichen - Vorentlastung: die erste Malaufgabe und ihre Nachbaraufgaben vom Arbeitsblatt werden in den Tippkarten mit Pfeilen von den jeweiligen Zahlen aus (blaue, grüne Zahl) gekennzeichnet, sodass ein direkter Vergleich vorgenommen werden kann - Vorentlastung: Kontrollmöglichkeit am Lösungsblatt
Beantwortung der vierten Forschungsaufgabe	- falsche Lösung der Nachbaraufgabe - SuS verstehen die Frage nicht	- Möglichkeit des erneuten Abzählens einzelner Plättchen am Hunderterpunktefeld - Vorentlastung: Kontrollmöglichkeit am Lösungsblatt - Vorentlastung: Tippkarten dienen mit den dargestellten Pfeilen vom Rechenergebnis der Malaufgabe zu ihren Nachbaraufgaben als visuelle und gedankliche Rechenhilfe und das Erkennen mathematischer Zusammenhänge

7. Anhang

7.1 Literaturverzeichnis

Rechtliche Vorgaben

- Niedersächsisches Kultusministerium (Hg.) (2006): Kerncurriculum für die Grundschule Schuljahrgänge 1-4. Mathematik. Hannover: Unidruck.

Fachdidaktische und fachmethodische Literatur

- Bruder, R.; Hefendehl-Hebeker, L.; Schmidt-Thieme, B.; Weigand, H.-G. (2010): Handbuch der Mathematikdidaktik. Heidelberg: Springer Spektrum.
- Gerster, H.-D.; Schultz, R. (2004): Schwierigkeiten beim Erwerb mathematischer Konzepte im Anfangsunterricht. Bericht zum Forschungsprojekt Rechenschwäche – Erkennen, Beheben, Vorbeugen, Auflage Mai 2004.
- Grassmann, M.; Eicher, K.-P.; Mirwald, E. & Nitsch, B. (2014): Mathematikunterricht 5. Kompetent im Unterricht. Kaiser, A., Miller, S. (Hg.), 3. korrigierte und veränderte Auflage, Hohengehren: Schneider Verlag.
- Graumann, G.(2002): Mathematik in der Grundschule. Studientexte zur Grundschulpädagogik und –didaktik, Bad Heilbrunn: Klinkhardt.
- Keil, M. (2010): Mit Rechenstrategien zum Einmaleins. Arbeitsblätter zum operativen Üben, 1. Auflage, Buxtehude: Persen Verlag.
- Kuhnke, K. (2012): Unterrichtsanregungen zur Förderung des Darstellungswechsels, http://www.pikas.uni-dortmund.de,12.02.2016.
- Kuhnke, K. (2012): Vorgehensweisen von Grundschulkindern beim Darstellungswechsel. Eine Untersuchung am Beispiel der Multiplikation im 2. Schuljahr, Wiesbaden: Springer Spektrum.
- Multiplikation - DVV-Rahmencurriculum Rechnen Stufe 2, https://www.google.de/url?sa=t&rct=j&q=&esrc=s&source=web&cd=2&ved=0ahUKEwj7 58G91vXKAhWkA5oKHRPmBqwQFgghMAE&url=http%3A%2F%2Fgrundbildung.de% 2Ffileadmin%2Fcontent%2F03Materialien%2FRechnen%2FRahmencurriculum%2FRe chnen_Stufe2_Multiplikation.pdf&usg=AFQjCNHT6Z3yyOmuyHgNFK2jVboxuSKn2g&b vm=bv.114195076,d.bGg&cad=rja, 14.02.2016.
- Rechenfakten automatisieren, https://www.google.de/url?sa=t&rct=j&q=&esrc=s&source=web&cd=1&cad=rja&uact=8 &ved=0ahUKEwjHq97H2dnKAhVjKXIKHX3DCggQFggeMAA&url=http%3A%2F%2Fww w.uni-landau.de%2Frasch%2FArithmetik%2520Be%2FV7.2_Rechenfakten%2520automatisie ren.pdf&usg=AFQjCNHVvV5IHBeCnHrQQI9VmLcs_PQO4w&bvm=bv.113034660,d.bG Q, 09.02.16.
- Schipper, W. (2009): Handbuch für den Mathematikunterricht an Grundschulen. Hannover: Schroedel.
- Wirsching, G. (2003): Zahlentheorie. In G.W. (Hrsg.), Faszination Mathematik. Heidelberg: Spektrum Akademischer Verlag.

7.2 Dokumentation eingesetzter Medien

7.2.1 Tafelbild

Einstiegsphase

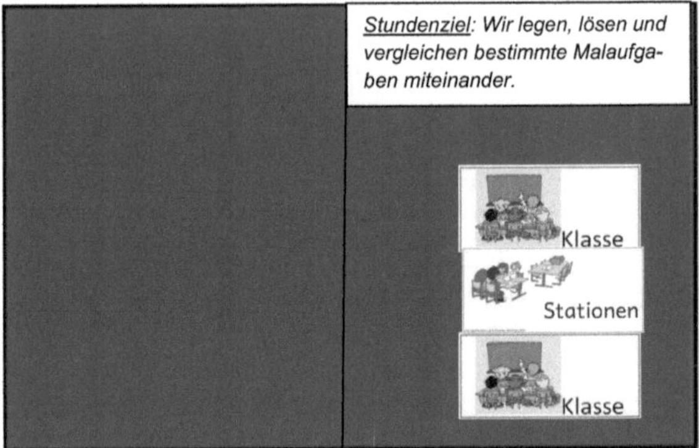

Einstiegsphase zu Beginn (Tafelmitte)

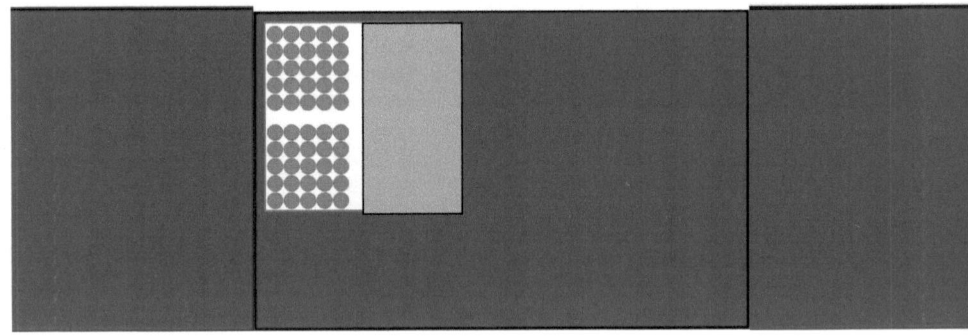

Einstiegsphase zum Ende (Tafelmitte)

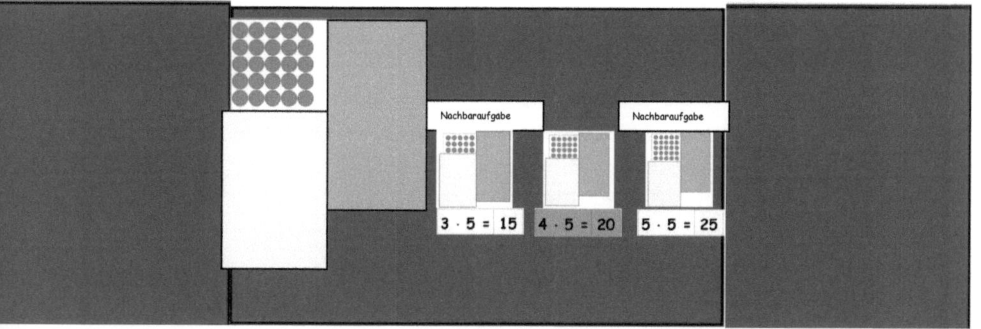

Sicherungsphase

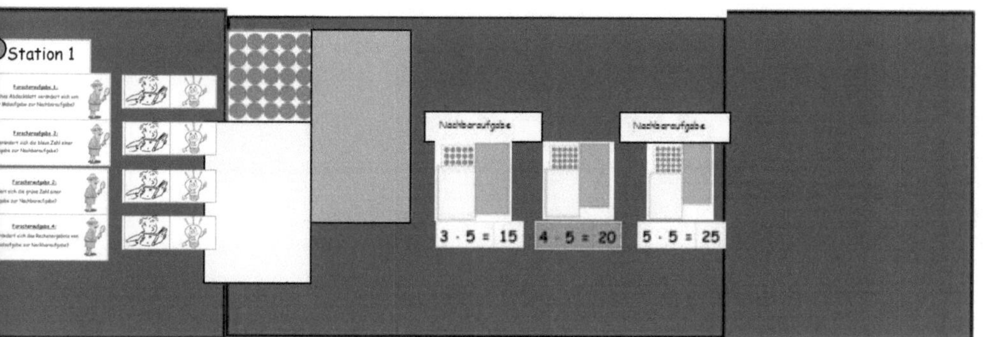

Station 1: Arbeitsblatt

Station 1: Nachbaraufgaben am Hunderterpunktefeld

1. Bearbeitet das Arbeitsblatt nach den Arbeitsschritten an der Tafel.

Nachbaraufgaben	Malaufgabe	Nachbaraufgaben
2 · 4 =__	3 · 4 =__	4 · 4 =__
7 · 4 =__	8 · 4 =__	9 · 4 =__

 2. Forscheraufgaben: Kreuzt die richtige Antwort an. Nutzt die Tippkarten zur Hilfe.

1) Welches **Abdeckblatt** verändert sich von einer Malaufgabe zur Nachbaraufgabe?

☐ gelbes Abdeckblatt   ☐ oranges Abdeckblatt

2) Wie verändert sich die _blaue Zahl_ von einer Malaufgabe zur Nachbaraufgabe?

☐ plus oder minus 3   ☐ plus oder minus 1   ☐ plus oder minus 2

3) Verändert sich die _grüne Zahl_ von einer Malaufgabe zur Nachbaraufgabe?

☐ ja   ☐ nein

4) Wie verändert sich das **Rechenergebnis** von einer Malaufgabe zur Nachbaraufgabe?

☐ plus oder minus 3   ☐ plus oder minus 2   ☐ plus oder minus 4

Station 2: Nachbaraufgaben am Hunderterpunktefeld

1. Bearbeitet das Arbeitsblatt nach den Arbeitsschritten an der Tafel.

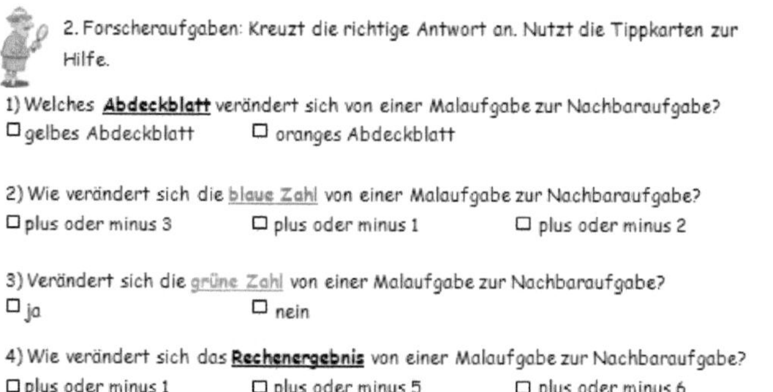

Nachbaraufgaben	Malaufgabe	Nachbaraufgaben
1 · 6 =__	2 · 6 =__	3 · 6 =__
7 · 6 =__	8 · 6 =__	9 · 6 =__

2. Forscheraufgaben: Kreuzt die richtige Antwort an. Nutzt die Tippkarten zur Hilfe.

1) Welches **Abdeckblatt** verändert sich von einer Malaufgabe zur Nachbaraufgabe?
□ gelbes Abdeckblatt   □ oranges Abdeckblatt

2) Wie verändert sich die blaue Zahl von einer Malaufgabe zur Nachbaraufgabe?
□ plus oder minus 3   □ plus oder minus 1   □ plus oder minus 2

3) Verändert sich die grüne Zahl von einer Malaufgabe zur Nachbaraufgabe?
□ ja   □ nein

4) Wie verändert sich das **Rechenergebnis** von einer Malaufgabe zur Nachbaraufgabe?
□ plus oder minus 1   □ plus oder minus 5   □ plus oder minus 6

Zusatzstation 1: Nachbaraufgaben am Hunderterpunktefeld

1. Bearbeitet das Arbeitsblatt nach den Arbeitsschritten an der Tafel.

Nachbaraufgaben	Malaufgabe	Nachbaraufgaben
$7 \cdot 7 =$___	___ $\cdot\ 7 =$___	___ $\cdot\ 7 =$___
$6 \cdot 2 =$___	___ $\cdot\ 2 =$___	___ $\cdot\ 2 =$___
$8 \cdot 4 =$___	___ $\cdot\ 4 =$___	___ $\cdot\ 4 =$___

Zusatzstation 2: Nachbaraufgaben am Hunderterpunktefeld

1. Bearbeitet das Arbeitsblatt nach den Arbeitsschritten an der Tafel.

Nachbaraufgaben	Malaufgabe	Nachbaraufgaben
___ · 7 = ___	___ · 7 = ___	5 · 7 = ___
___ · 9 = ___	___ · 9 = ___	3 · 9 = ___
___ · 10 = ___	___ · 10 = ___	10 · 10 = ___

<u>Zusatzstation 3: Nachbaraufgaben ohne Hunderterpunkttafel</u>

1. Löst die Nachbaraufgaben.

a) $5 \cdot 2 =$ _____ $3 \cdot 3 =$ _____

    $6 \cdot 2 = 12$ $4 \cdot 3 = 12$

    $7 \cdot 2 =$ _____ $5 \cdot 3 =$ _____

b) $6 \cdot 4 =$ _____ $8 \cdot 7 =$ _____

    $7 \cdot 4 = 28$ $9 \cdot 7 = 63$

    $8 \cdot 4 =$ _____ $10 \cdot 7 =$ _____

c) $7 \cdot 6 =$ _____ $4 \cdot 10 =$ _____

    $8 \cdot 6 = 48$ $5 \cdot 10 = 50$

    $9 \cdot 6 =$ _____ $6 \cdot 10 =$ _____

d) $3 \cdot 9 =$ _____ $8 \cdot 5 =$ _____

    $4 \cdot 9 = 36$ $9 \cdot 5 = 45$

    $5 \cdot 9 =$ _____ $10 \cdot 5 =$ _____

e) $5 \cdot 7 =$ _____ $7 \cdot 8 =$ _____

    $6 \cdot 7 = 42$ $8 \cdot 8 = 64$

    $7 \cdot 7 =$ _____ $9 \cdot 8 =$ _____

f) $8 \cdot 5 =$ _____ $3 \cdot 6 =$ _____

    $9 \cdot 5 =$ _____ $4 \cdot 6 =$ _____

    $10 \cdot 5 = 50$ $5 \cdot 6 = 30$

7.2.3 Lösungen zu den Arbeitsblättern

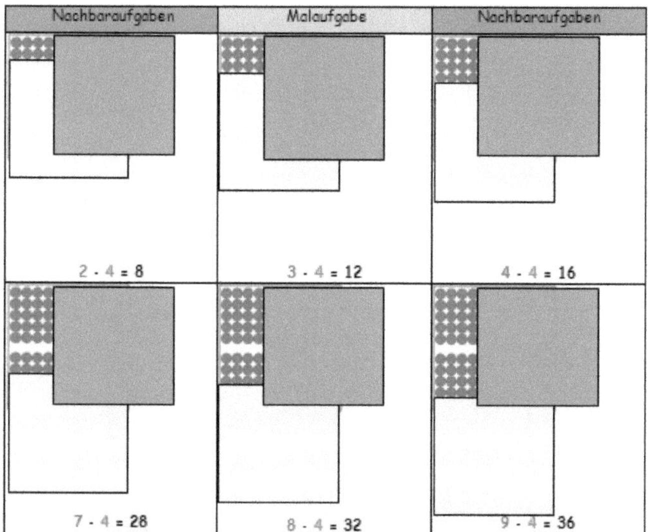

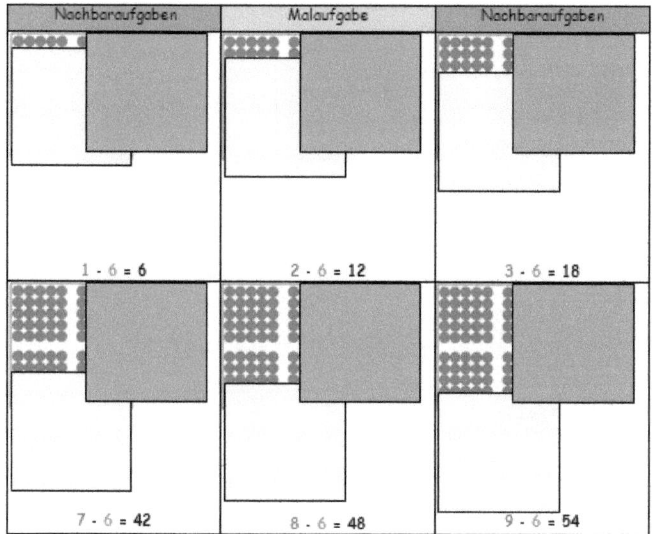

Zusatzstation 1: Nachbaraufgaben am Hunderterpunktefeld

1. Bearbeitet das Arbeitsblatt nach den Arbeitsschritten an der Tafel.

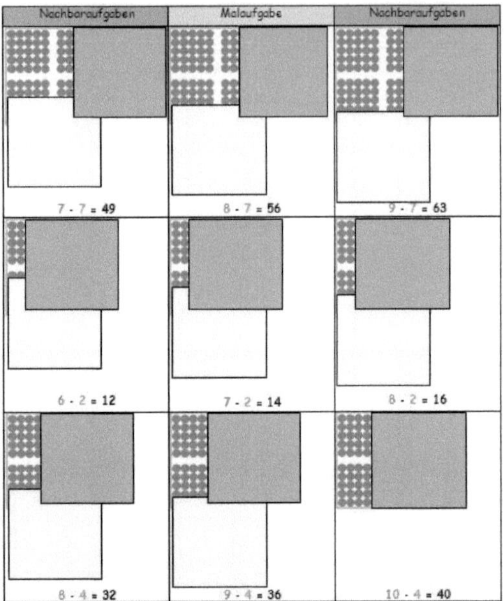

Zusatzstation 2: Nachbaraufgaben am Hunderterpunktefeld

1. Bearbeitet das Arbeitsblatt nach den Arbeitsschritten an der Tafel.

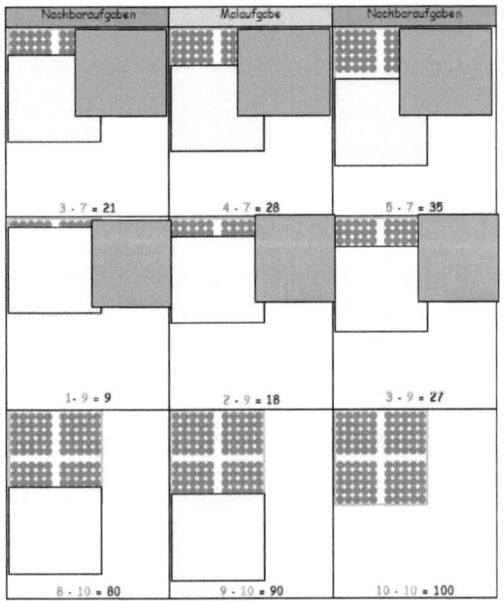

<u>Zusatzstation 3: Nachbaraufgaben ohne Hunderterpunktefeld</u>

1. Löst die Nachbaraufgaben.

a) $5 \cdot 2 = 10$ $3 \cdot 3 = 9$

   $6 \cdot 2 = 12$ $4 \cdot 3 = 12$

   $7 \cdot 2 = 14$ $5 \cdot 3 = 15$

b) $6 \cdot 4 = 24$ $8 \cdot 7 = 56$

   $7 \cdot 4 = 28$ $9 \cdot 7 = 63$

   $8 \cdot 4 = 32$ $10 \cdot 7 = 70$

c) $7 \cdot 6 = 42$ $4 \cdot 10 = 40$

   $8 \cdot 6 = 48$ $5 \cdot 10 = 50$

   $9 \cdot 6 = 54$ $6 \cdot 10 = 60$

d) $3 \cdot 9 = 27$ $8 \cdot 5 = 40$

   $4 \cdot 9 = 36$ $9 \cdot 5 = 45$

   $5 \cdot 9 = 45$ $10 \cdot 5 = 50$

e) $5 \cdot 7 = 35$ $7 \cdot 8 = 56$

   $6 \cdot 7 = 42$ $8 \cdot 8 = 64$

   $7 \cdot 7 = 49$ $9 \cdot 8 = 72$

f) $8 \cdot 5 = 40$ $3 \cdot 6 = 18$

   $9 \cdot 5 = 45$ $4 \cdot 6 = 24$

  $10 \cdot 5 = 50$ $5 \cdot 6 = 30$

Tippkarte zur Forscheraufgabe 1:

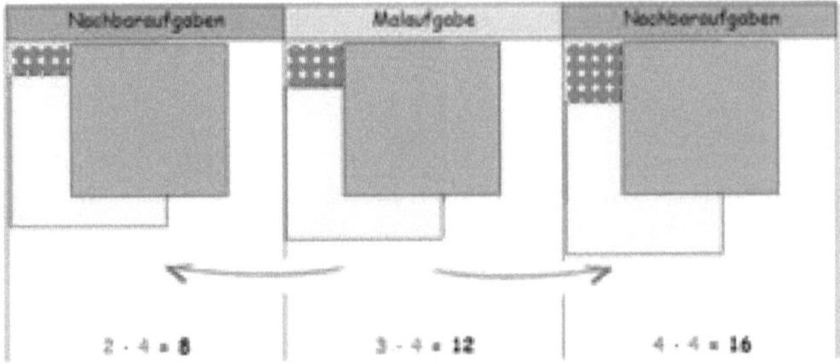

Tippkarte zur Forscheraufgabe 2:

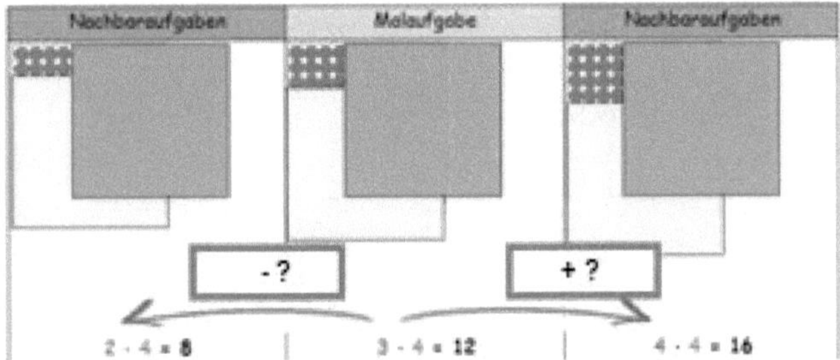

Tippkarte zur Forscheraufgabe 3:

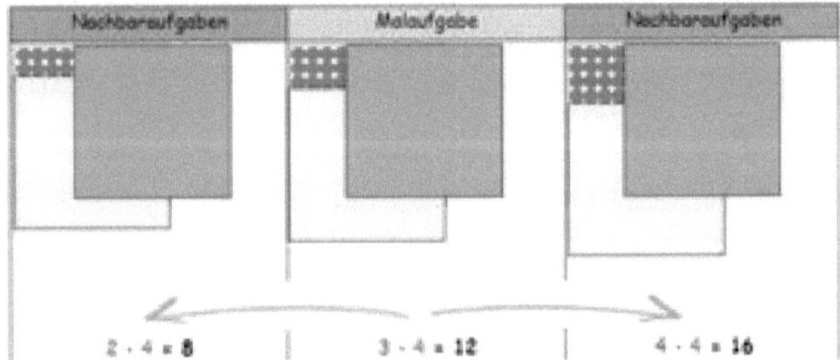

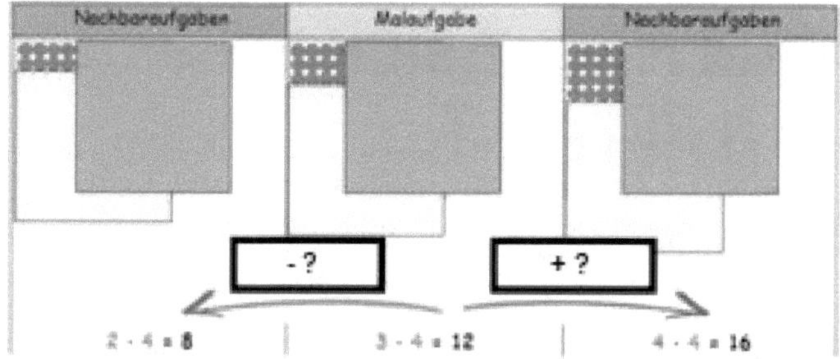

7.2.5 Arbeitsschritte

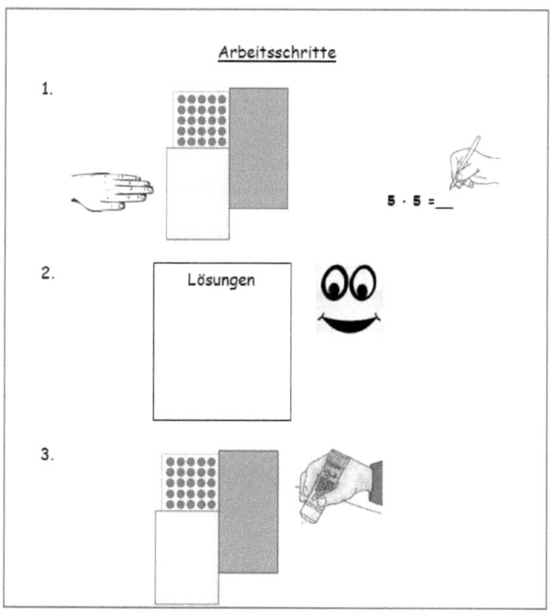

BEI GRIN MACHT SICH IHR WISSEN BEZAHLT

- Wir veröffentlichen Ihre Hausarbeit, Bachelor- und Masterarbeit

- Ihr eigenes eBook und Buch - weltweit in allen wichtigen Shops

- Verdienen Sie an jedem Verkauf

Jetzt bei www.GRIN.com hochladen und kostenlos publizieren